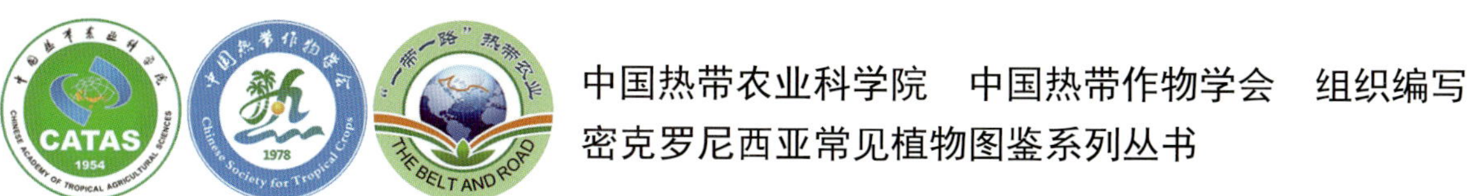

中国热带农业科学院　中国热带作物学会　组织编写
密克罗尼西亚常见植物图鉴系列丛书

总主编：刘国道
General Editor : Liu Guodao

密克罗尼西亚联邦
椰子种质资源图鉴
Coconut Germplasm Resources in FSM

范海阔　弓淑芳　王媛媛　主编
Editors in Chief : Fan Haikuo Gong Shufang Wang Yuanyuan

中国农业科学技术出版社

图书在版编目（CIP）数据

密克罗尼西亚联邦椰子种质资源图鉴 / 范海阔，弓淑芳，王媛媛主编 .—北京：中国农业科学技术出版社，2019.4
（密克罗尼西亚常见植物图鉴系列丛书 / 刘国道主编）
ISBN 978-7-5116-4136-6

Ⅰ. ①密… Ⅱ . ①范… ②弓… ③王… Ⅲ . ①椰子—种质资源—密克罗尼西亚联邦—图集 Ⅳ . ① S667.402.4-64

中国版本图书馆 CIP 数据核字（2019）第 072231 号

责任编辑 徐定娜
责任校对 贾海霞

出 版 者 中国农业科学技术出版社
北京市中关村南大街 12 号 邮编：100081
电 话 （010）82109707（编辑室）（010）82109702（发行部）
（010）82109709（读者服务部）
传 真 （010）82109707
网 址 http://www.castp.cn
发 行 各地新华书店
印 刷 者 北京科信印刷有限公司
开 本 787 mm × 1 092 mm 1/16
印 张 3.5
字 数 81 千字
版 次 2019 年 4 月第 1 版 2019 年 4 月第 1 次印刷
定 价 68.00 元

《密克罗尼西亚常见植物图鉴系列丛书》

总 主 编：刘国道

《密克罗尼西亚联邦椰子种质资源图鉴》
编写人员

主　　编：范海阔　弓淑芳　王媛媛

副 主 编：董定超　杨虎彪　郑小蔚　唐庆华
张照华

编写人员：（按姓氏拼音排序）
陈　刚　董定超　范海阔　弓淑芳
郝朝运　黄贵修　李伟明　刘国道
唐庆华　王清隆　王媛媛　杨光穗
杨虎彪　郑小蔚　张照华

摄　　影：范海阔　杨虎彪

序

太平洋岛国地区幅员辽阔，拥有 3 000 多万平方千米海域和 1 万多个岛屿；地缘战略地位重要，处于太平洋东西与南北交通要道交汇处；自然资源丰富，拥有农业、矿产、油气等资源。2014 年习近平主席与密克罗尼西亚联邦（下称“密联邦”）领导人决定建立相互尊重、共同发展的战略伙伴关系，翻开了中密关系新的一页。2017 年 3 月，克里斯琴总统成功对中国进行访问，习近平主席同克里斯琴总统就深化两国传统友谊、拓展双方务实合作，尤其是农业领域的合作达成广泛共识，为两国关系发展指明了方向。2018 年 11 月，中国国家主席习近平访问巴布亚新几内亚并与建交的 8 个太平洋岛国领导人举行了集体会晤，将双方关系提升为相互尊重、共同发展的全面战略伙伴关系，开创了合作新局面。

1998 年，中国政府在密联邦实施了中国援密示范农场项目，至今已完成了 10 期农业技术合作项目。2017—2018 年，受中国政府委派，农业农村部直属的中国热带农业科学院，应密联邦政府要求，在密联邦开展了农业技术培训与农业资源联合调查，培训了 125 名农业技术骨干，编写了《密克罗尼西亚联邦饲用植物图鉴》《密克罗尼西亚联邦花卉植物图鉴》《密克罗尼西亚联邦药用植物图鉴》《密克罗尼西亚联邦果蔬植物图鉴》《密克罗尼西亚联邦椰子种质资源图鉴》和《密克罗尼西亚联邦农业病虫草害原色图谱》等系列著作。

该系列著作采用图文并茂的形式，对 492 种密联邦椰子、果蔬、花卉、饲用植物和药用植物等种质资源及农业病虫草害进行了科学鉴别，是密联邦难得一见的农业资源参考文献，是中国政府援助密联邦政府不可多得的又一农业民心工程。

值此中国—太平洋岛国农业部长会议召开之际，我对为该系列著作做出杰出贡献的来自中国热带农业科学院的专家们和密联邦友人深表敬意和祝贺。我坚信，以此系列著作的出版和《中国—太平洋岛国农业部长会议楠迪宣言》的发表为契机，中密两国农业与人文交流一定更加日益密切，一定会结出更加丰硕的成果。同时，我也坚信，以中国热带农业科学院为主要力量的热带农业专家团队，为加强中密两国农业发展战略与规划对接，开展农业领域人员交流和能力建设合作，加强农业科技合作，服务双方农业发展，促进农业投资贸易合作，助力密联邦延伸农业产业链和价值链等方面做出更大的贡献。

中华人民共和国农业农村部副部长：

2019 年 4 月

位于中北部太平洋地区的密克罗尼西亚联邦，是连接亚洲和美洲的重要枢纽。密联邦海域面积大，有着丰富的海洋资源、良好的生态环境以及独特的传统文化。

中密建交 30 年来，各层级各领域合作深入发展。党的十八大以来，在习近平外交思想指引下，中国坚持大小国家一律平等的优良外交传统，坚持正确义利观和真实亲诚理念，推动中密关系发展取得历史性成就。

中国政府高度重视发展中密友好关系，始终将密联邦视为太平洋岛国地区的好朋友、好伙伴。2014 年，习近平主席与密联邦领导人决定建立相互尊重、共同发展的战略伙伴关系，翻开了中密关系新的一页。2017 年，密联邦总统克里斯琴成功访问中国，习近平主席同克里斯琴总统就深化两国传统友谊、拓展双方务实合作达成广泛共识，推动了中密关系深入发展。2018 年，习近平主席与克里斯琴总统在巴新再次会晤取得重要成果，两国领导人决定将中密关系提升为全面战略伙伴关系，为中密关系未来长远发展指明了方向。

1998 年，中国政府在密实施了中国援密示范农场项目，至今已完成 10 期农业技术合作项目，成为中国对密援助的“金字招牌”。2017 至 2018 年，受中国政府委派，农业农村部直属的中国热带农业科学院，应密联邦政府要求，在密开展了一个月的密“生命之树”椰子树病虫害防治技术培训，先后在雅浦、丘克、科斯雷和波纳佩四州培训了 125 名农业管理人员、技术骨干和种植户，并对重大危险性害虫——椰心叶甲进行了生物防治技术示范。同时，专家一行还利用培训班业余时间，不辞辛苦，联合密联邦资源和发展部及广大学员，深入田间地头开展椰子、槟榔、果树、花卉、牧草、药用植物、瓜菜和病虫草害等农业资源调查和开发利用的初步评估，组织专家编写了《密克罗尼西亚联邦饲用植物图鉴》《密克罗尼西亚联邦花卉植物图鉴》《密克罗尼西亚联邦药用植物图鉴》《密克罗尼西亚联邦果蔬植物图鉴》《密克罗尼西亚联邦椰子种质资源图鉴》《密克罗尼西亚联邦农业病虫草害原色图谱》等系列科普著作。

全书采用图文并茂的形式，通俗易懂地介绍了 37 种椰子种质资源、60 种果蔬、91 种被子植物门花卉和 13 种蕨类植物门观赏植物、100 种饲用植物、117 种药用植物和 74 种农作物病虫草害，是密难得一见的密农业资源图鉴。本丛书不仅适合于密联邦科教工作者，对于行业管理人员、学生、广大种植户以及其他所有对密联邦农业资源感兴趣的人士都将是一本很有价值的参考读物。

本丛书在中密建交 30 周年之际出版，意义重大。为此，我对为丛书做出杰出贡献的来自中国热带农业科学院的专家们和密友人深表敬意，对所有参与人员的辛勤劳动和出色工作表示祝贺和感谢。我坚信，以此丛书为基础，中密两国农业与人文交流一定会更加密切，一定能取得更多更好的成果。同时，我也坚信，以中国热带农业科学院为主要力量的中国热带农业科研团队，将为推动中密全面战略伙伴关系深入发展，推动中国与发展中国家团结合作，推动中密共建“一带一路”、共建人类命运共同体，注入新动力、做出新贡献。

中华人民共和国驻密克罗尼西亚联邦特命全权大使：黄峥

2019 年 4 月

前　言

椰子（*Cocos nucifera* L.）是热带地区主要的木本油料作物，也是重要的食品能源作物。椰子种植成本低，综合利用价值高，是热带地区重要的经济作物。联合国粮农组织（FAO）对椰子产业十分重视，认为种植椰子是解决热带地区人民对蛋白质、脂肪和能源需要以及增加农民就业机会，促使农民脱贫致富的重要途径。

根据亚太椰子共同体（APCC）统计，目前全世界已有 93 个国家种植椰子，椰子种质资源约 1 600 多份，主要分布在亚洲的东南亚地区和南太平洋地区，其椰子的产量及种植面积约占全世界的 80%。

密克罗尼西亚联邦被誉为太平洋上的明珠，境内 607 个岛屿星罗密布，椰子是岛上的优势种。我们对境内 7 个主要岛屿进行了全面调查，共记录不同类型的椰子种质 37 种。对每一种的植物学形态特征进行了详细描述，同时现场初步测定每一种质的生产潜力和育种价值。尽管时间仓促，调查区域有限，参考资料不足，所描述资源肯定有缺失，提供信息难以完整，但本书是密克罗尼西亚联邦首部描述椰子种质资源的专业性、科普性专著，对该国从事椰子研究和种植都具有十分重要的参考价值。

本书得到“一带一路”热带项目资金资助。

总主编：刘国道

2018 年 11 月

目 录

雅浦州

雅浦州（Yap）是密克罗尼西亚联邦（FSM）的四个州之一。它由欧里皮克环礁、欧里皮克环礁、埃拉托环礁、凡艾斯、法劳莱普环礁等13个岛礁组成。行政上，整个州人口约9 300人，由Dalipebinaw、Fanif、Gagil、Gilman、Kanifay等10个村庄（也是自治市）组成。

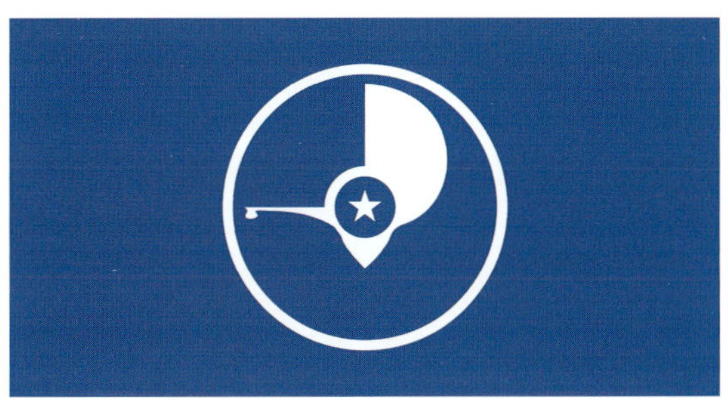

雅浦州旗

雅浦州有一种非常特殊的“石头币”（Raistone），是原始货币之一。由于当地不出产金属，于是石头便成为重要的资源，并发展出以石头充当交易媒介的贸易模式，并沿用至今。当地人称这种石币为费（Fei）。许多是从新几内亚的其他岛屿带来的，大部分来自帕劳。

当地最大的石头钱币

身穿民族服饰的妇女在跳舞

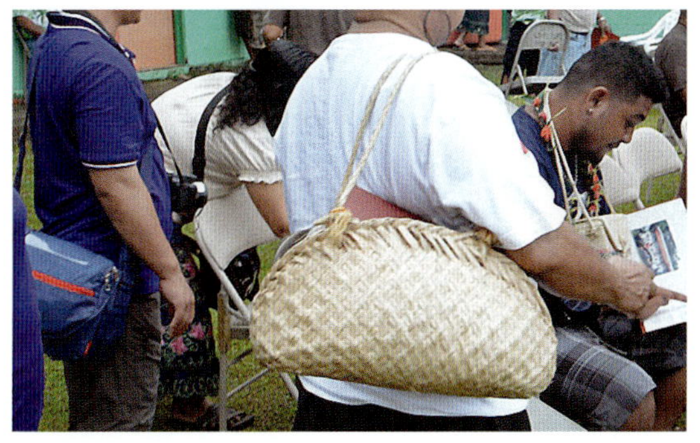

棕榈叶编制的包

传统“男人屋”

雅浦雌花褐高

英文名称：Yap Female Brown Tall (YFBT)

主要特征：

YFBT 属于典型的高种椰子，植株高大粗壮，树干围径 90~120 厘米，树高可达 20 多米，茎干基部膨大成为“葫芦头”。树冠圆形，由 25~30 片叶组成；叶片长 400~500 厘米。结果迟，种植后 7~8 年开花结果，经济寿命达 60~80 年，自然寿命长达 100 多年。

该树雄花数量少，1~2 支雄花序，雌花多，聚集成纺锤形，又称雌性树。其特征是部分植株顶生叶片不完全羽裂。4~5 片小叶黏合在一起，小叶较宽约 7 厘米；花序较短约 70~90 厘米，常因授粉不良而坐果难，果实易发育不正常，结果少；果实椭圆，果皮褐色；核果圆形，经常为扁圆形；椰肉中等厚度。

该资源仅为少量分布，多单株生长，偶见 2~3 株生长一起，常被误解为雄椰。在雅浦主岛和乌里埃外岛均有发现，可作为遗传资源收集保存，当地无利用，多弃用。

雅浦雌花绿高

英文名称： Yap Female Green Tall (YFGT)

主要特征：

YFGT属于典型的高种椰子，植株高大粗壮，树干围径90~120厘米，树高可达20多米，茎干基部膨大成为“葫芦头”。树冠圆形，由25~30片叶组成，叶片长400~500厘米；结果迟，种植后7~8年开花结果，经济寿命达60~80年，自然寿命长达100多年。

该树雄花数量少，1~2支雄花序，雌花多，聚集成纺锤形，又称雌性树。其特征是部分植株顶生叶片不完全羽裂，4~5片小叶黏合在一起，小叶较宽7厘米左右，叶片长度较短400厘米；花序较短70~90厘米，常因授粉不良而坐果难，果实易发育不正常，结果少；果实椭圆、肉厚，核果圆形，经常为扁圆形，颜色呈绿色。

该资源仅为少量分布，多单株生长，偶见2~3株生长一起，常被误解为雄椰，仅在乌里埃外岛发现，可作为遗传资源收集保存，当地无利用，多弃用。该种质的植物学及农艺学性状与雅浦雌花褐高相同，仅果实颜色不同，显示为绿色。

雅浦三角褐高

英文名称：Yap Triangle Brown Tall (YTBT)

主要特征：

YTBT 属于高种类型，植株高大粗壮，树干围径 90~120 厘米，树高可达 20 多米，茎干基部膨大成为"葫芦头"。树冠圆形，由 30~40 片叶组成；叶片长 500~600 厘米；结果迟，种植后 7~8 年开花结果，经济寿命达 60~80 年，自然寿命长达 100 多年。

YTBT 雌雄同株；果实多，年均年产果量 100 个左右，最高可达 150 个以上。椰果中等，果实果顶位置多呈三角形；椰肉厚；核果圆形；果皮颜色呈褐色。

该资源在雅浦主岛和外岛均大量分布，是当地居民常规栽培品种，当地食用椰肉多从该品种获得，应该为当地优势驯化种。

雅浦长三角褐高

英文名称：Yap Long Triangle Brown Tall (YLTBT)

主要特征：

YLTBT 属于典型的高种类型，植株高大粗壮，树干围径 90~120 厘米，树高可达 20 多米，茎干基部膨大成为“葫芦头”。树冠圆形，由 30~40 片叶组成；叶片长 500~600 厘米；结果迟，种植后 7~8 年开花结果，经济寿命达 60~80 年，自然寿命长达 100 多年。

YLTBT 雌雄同株，结果量中等，年均产果量 80 个左右。椰果较长。果实果顶位置多呈三角形；椰肉厚；核果圆形；果皮颜色呈褐色。

雅浦褐高

英文名称： Yap Brown Tall (YBT)

主要特征：

YBT 属于高种类型，植株高大粗壮，树干围径 90~120 厘米，树高可达 20 多米，茎干拥有巨大的“葫芦头”。树冠球形，由 30~40 片叶组成；叶片长 500~600 厘米，羽叶数 110~125 之间。结果晚，种植后 7~8 年开花结果。

YBT 雌雄同株；果实量中等多，年均年产果量 90~100 个；椰果中等，小于三角褐高。果实呈圆形，果皮颜色为黄褐色；核果圆形，椰肉 1.5~1.8 毫米厚。

该资源在雅浦主岛和外岛均大量分布，也是当地居民常规栽培品种之一，常见于道路两边，村庄周围，外岛也有发现。

雅浦黄高

英文名称： Yap Yellow Tall (YYT)

主要特征：

YYT 属于高种类型，植株高大粗壮，树干围径 90~120 厘米，树高可达 20 多米，茎干基部膨大称为“葫芦头”。树冠圆形，由 30~40 片叶组成；叶片长 500~600 厘米。

YYT 雌雄同株，异花授粉；果实多，年均年产果量 100 个左右；椰果大小中等。果实呈圆形；椰肉厚；核果圆形。果皮颜色呈黄色。

该资源目前仅在雅浦主岛农业培训中心门口发现一株，外岛尚未发现该类型，应该为突变种，在育种学上有研究价值。

雅浦三角黄绿高

英文名称： Yap Triangle Yellow-Green Tall (YTYGT)

主要特征：

YTYGT 属于高种类型，植株高大粗壮，树干围径 90~120 厘米，树高可达 20 多米，茎干基部膨大称为“葫芦头”。树冠圆形，由 30~40 片叶组成；叶片长 500~600 厘米。结果迟，种植后 7~8 年开花结果。

YTBT 雌雄同株，异花授粉；果实量中等多，年均年产果量 80 个左右。椰果中等。果实果顶位置多呈三角形；椰肉厚；核果圆形。果皮呈黄绿色。

该资源在雅浦主岛和外岛均大量分布，是当地居民常规栽培品种之一，也是当地食用椰肉来源，同三角褐高一样应该为当地优势驯化种。

雅浦长三角绿高

英文名称：Yap Long Triangle Green Tall (YLTGT)

主要特征：

YLTGT 属于典型的高种类型，植株高大粗壮，树干围径 90~120 厘米，树高可达 20 多米，茎干基部膨大称为“葫芦头”。树冠圆形、半圆形、Y 形，由 30~40 片叶组成；叶片长 380~450 厘米。结果迟，种植后 7~8 年开花结果，经济寿命达 60~80 年，自然寿命长达 100 多年。

YLTGT 所有植株均为杂合体。椰果较小，椰干品质好。4~5 片小叶黏合在一起，小叶较宽 7 厘米左右（正常 4~5 厘米），叶片长度较短约 400 厘米（正常 450~600 厘米），花序较短 70~90 厘米（正常 110~120 厘米）雌雄同株，常花期相遇，为自花授粉；果实多，年均产果量 100 个以上，高可达 150 个以上。果实三角形；椰肉厚，形状为长形。核果圆形，经常为扁圆形。果皮颜色呈绿色。

雅浦绿高

英文名称：Yap Green Tall (YGT)

主要特征：

YGT 属于高种类型，植株高大粗壮，树干围径 90~120 厘米，树高可达 20 多米，茎干基部膨大成为“葫芦头”。树冠圆形，由 30~40 片叶组成；叶片长 500~600 厘米。结果迟，种植后 7~8 年开花结果。

YTBT 雌雄同株；果实多，年均年产果量 80 个左右。椰果中等。果实果顶位置多呈近圆形或三角形；椰肉厚；核果圆形。果皮颜色呈绿色。

该资源在雅浦主岛分布，乌里埃外岛偶有分布。

雅浦红褐矮

英文名称：Yap Reddish Brown Dwarf (YRBD)

主要特征：

YRBD 属于典型的矮种类型，植株矮小，树干围径 70~80 厘米，茎干基部不膨大，无葫芦头或葫芦头较小。树冠圆形，由 20~30 片叶组成；叶片长 450~550 厘米。结果早，植后 3~4 年开花结果。

YRBD 为自花授粉；果实多，年均产果量 100 个以上；果实为圆形，肉薄于高种；椰衣纤维层比普通高种薄；核果圆形，经常为扁圆形；椰水含糖量高于高种，适合用于鲜食；果皮颜色呈红褐色，颜色浓郁，适用于园林或庭院种植。

雅浦红矮

英文名称：Yap Red Dwarf (YRD)

主要特征：

YRD 属于典型的矮种类型，植株矮小，树干围径 70~80 厘米，茎干基部不膨大，无葫芦头或葫芦头较小。树冠圆形，由 20~30 片叶组成；叶片长 450~550 厘米。结果早，植后 3~4 年开花结果。

YRD 为自花授粉；果实多，年均产果量 100 个以上；果实为卵形，肉薄于高种；椰衣纤维层较薄，比普通高种纤维薄；核果圆形，经常为扁圆形；椰水含糖量高于高种，适合用于鲜食；果皮颜色呈橙红色，颜色浓郁，常栽培与园林或庭院种植用于绿化。

雅浦主岛有分布。

雅浦黄矮

英文名称： Yap Yellow Dwarf (YYD)

主要特征：

YYD 属于典型的矮种类型，植株矮小，树干围径 70~80 厘米，茎干基部不膨大，无葫芦头或葫芦头较小。树冠圆形，由 20~30 片叶组成；叶片长 450~550 厘米。结果早，植后 3~4 年开花结果。

YYD 常花期相遇，为自花授粉；果实多，年均产果量 100 个以上；果实为圆形，椰肉薄于高种；椰衣纤维层较高种薄；核果圆形，经常为扁圆形；椰水含糖量高于高种，椰肉松软，适合用于鲜食；果皮颜色呈金黄色。

主要分布于雅浦主岛，常种植于园林或庭院用于绿化。

雅浦绿矮

英文名称：Yap Green Dwarf (YGD)

主要特征：

YGD属于典型的矮种类型，植株矮小，树干围径70~80厘米，茎干基部不膨大，无葫芦头或葫芦头较小。树冠圆形，由20~30片叶组成；叶片长450~550厘米。结果早，植后3~4年开花结果。

YGD常花期相遇，为自花授粉；果实多，年均产果量100个以上；果实为圆形，椰肉薄于高种；椰衣纤维层较高种薄；核果圆形，经常为扁圆形；椰水含糖量高于高种，椰肉松软，适合用于鲜食；果皮颜色呈翠绿色。

雅浦主岛和乌里埃外岛均有分布，外岛常用于该品种鲜食或采集椰花汁酿酒饮用。

● 丘克州

丘克州（Chuunk）是密克罗尼西亚联邦（FSM）的四个州之一。它由几个岛屿群组成：丘克泻湖（Chuuk Lagoon）、Nomwisofo、霍尔群岛、Namonuito 环礁（马古尔群岛）、Pattiw（西部群岛）、东部群岛（上洛克霍克群岛）、莫特洛克群岛组成。

丘克州旗

丘克州是 FSM 人口最多的州，拥有 500 平方千米、54 500 多位居民。丘克泻湖（Chuuk Lagoon）是大多数人居住的地方。泻湖的文岛作为州首府，是 FSM 最大的城市。

丘克妇女传统连衣裙

传统庆典活动现场

丘克红褐矮

英文名称： Chuuk Reddish Brown Dwarf (CRBD)

主要特征：

CRBD 属于典型的矮种类型，植株矮小，树干围径 70~80 厘米，茎干基部不膨大，无葫芦头或葫芦头较小。树冠圆形，由 20~30 片叶组成；叶片长 450~550 厘米。结果早，植后 3~4 年开花结果。

CRBD 为自花授粉；果实多，年均产果量 120 个以上，高可达 300 个以上；果实椭圆形，椰水清甜，椰肉松软，老果椰肉薄于高种；核果圆形，经常为扁圆形。果皮颜色呈鲜艳的红褐色。

该品种的在丘克主岛 Weno 岛分布最多，多用于庭院绿化和鲜食。沿道路两侧也常看到该品种。

丘克手雷褐矮

英文名称：Chuuk Grenade Brown Dwarf (CGBD)

主要特征：

CGBD属于典型的矮种类型，植株矮小，树干围径70~80厘米，茎干基部不膨大，葫芦头较小。树冠圆形，由20~30片叶组成；叶片长450~550厘米。结果早，植后3~4年开花结果。

CGBD花期相遇，为自花授粉；果实多，年均产果量150个以上，高可达200个以上；果实较小，是普通高种类型的1/3；果实椭圆形，类似手雷，肉薄于高种和常见矮种；核果圆形，经常为扁圆形。果皮颜色呈褐色。该品种在丘克Weno岛分布较多，应该为人工选择品种，常用于鲜食。

丘克手雷绿矮

英文名称： Chuuk Grenade Green Dwarf (CGGD)

主要特征：

CGGD 属于典型的矮种类型，植株矮小，树干围径 70~80 厘米，茎干基部不膨大，葫芦头较小。树冠圆形，由 20~30 片叶组成；叶片长 450~550 厘米。结果早，植后 3~4 年开花结果。

CGGD 花期相遇，为自花授粉；果实多，年均产果量 150 个以上，高可达 300 个以上；果实较小，是普通高种类型的 1/3；果实椭圆形，类似手雷，肉薄于高种和常见矮种；核果圆形，经常为扁圆形。果皮颜色呈翠绿色。

该品种在丘克 Weno 岛分布较多，应该为人工选择品种，常用于鲜食。

该果高产性状明显，且品质优，椰水较甜，具有极高的育种价值。

丘克褐矮

英文名称：Chuuk Brown Dwarf (CBD)

主要特征：

CBD 属于典型的矮种类型，植株矮小，树干围径 70~80 厘米，茎干基部不膨大，葫芦头较小。树冠圆形，由 20~30 片叶组成；叶片长 450~550 厘米。结果早，植后 3~4 年开花结果。

CBD 花期相遇，为自花授粉；果实多，年均产果量 100 个以上；果实较小，果实椭圆形，果顶凸出；椰肉薄于高种和其他常见矮种；核果圆形，经常为扁圆形。果皮颜色呈黄褐色。

该果高产性状明显，且品质优，椰水较甜，有一定的育种价值。

丘克瓜子椰

英文名称： Chuuk Melon Seed Tall (CMST)

主要特征：

CMST 属于高种类型，植株高大粗壮，树干围径 90~120 厘米，树高可达 20 多米，茎干基部膨大为“葫芦头”。树冠圆形，由约 30 片叶组成；叶片长 500~600 厘米。结果迟，种植后 7~8 年开花结果。

CMST 雌雄同株；果实非常多，年均产果量 160 个左右；果实外皮红褐色；果实细长，尾部尖，形状类似瓜子形状；成熟果实椰纤维占果实的 3/4，核果小，形状同样类似瓜子；核果内部无水，肉厚。

CMST 应为原始品种的突变体，分布少，仅在丘克州密克分校旁发现两株，当地无用途，可作为遗传资源或园林绿化用途。

科斯雷州

科斯雷州（Kosrae）是密克罗尼西亚联邦（FSM）的四个州之一，托福尔（Tofol）是州首府。科斯雷仅有本岛而无外岛（本岛已同其紧邻的5个小岛连成一体），土地面积为110平方千米，居民约6 600人。

科斯雷州旗

岛内主要有三种地形特征：山地、热带雨林和红树林。岛内多山地，约占整个岛屿面积的70%，最高峰海拔达2 000米以上。如果从海上远眺该岛，该岛的轮廓很像是一位躺着的女性，因此又被称为“睡美人之岛”。岛上大部分地区尚未被开发。

潜水胜地—科斯雷

科斯雷三角黄高

英文名称：Kosrae Triangle Yellow Tall (KTYT)

主要特征：

KTYT 属于高种类型，植株高大粗壮，树干围径 90~120 厘米，树高可达 20 多米，茎干基部膨大为“葫芦头”。树冠圆形，由 30~40 片叶组成；叶片长 500~600 厘米，KTYT 结果迟，6 年左右开花结果，寿命 40 年以上。

KTYT 雌雄同株；果实多，年均年产果量 100 个左右；椰果大。果实椭圆形，果顶部位呈三角形，大小接近科斯雷三角褐高，是普通黄色矮种的四倍；核果圆形或卵圆形。外皮颜色呈金黄色。

该资源可能为黄色矮种的突变种，或褐色高种的突变体，也可能是褐色高种同黄色矮种的杂交种。分布量少，仅在科斯雷州托福市（Tofol）发现两株。

科斯雷黄绿高

英文名称：Kosrae Yellow-Green Tall (KYGT)

主要特征：

KYGT 属于典型的高种类型，植株高大粗壮，树干围径 90~120 厘米，树高可达 20 多米，茎干基部膨大为“葫芦头”。树冠圆形，由 30~40 片叶组成；叶片长 500~600 厘米。结果迟，种植后 7~8 年开花结果。

KYGT 雌雄同株；果实较少；椰果大，果实椭圆形。核果圆形或卵圆形。外皮颜色呈黄绿色。

该品种在科斯雷分布较多，滨海公路以及村庄周围均有分布。

科斯雷三角绿高

英文名称：Kosrae Triangle Green Tall (KTGT)

主要特征：

KTGT 属于典型的高种类型，植株高大粗壮，树干围径 90~120 厘米，树高可达 20 多米，茎干基部膨大为“葫芦头”。树冠圆形，由 30~40 片叶组成；叶片长 500~600 厘米。结果迟，种植后 7~8 年开花结果。

KTGT 雌雄同株；果实多，年均年产果量 100 个左右；椰果大，果实椭圆形，果顶部位呈三角形，大小接近科斯雷三角褐高；核果圆形或卵圆形。果皮颜色呈绿色。

该品种在科斯雷分布较多，滨海公路以及村庄周围均有分布。

科斯雷绿高

英文名称：Kosrae Green Tall (KGT)

主要特征：

KGT 属于典型的高种类型，植株高大粗壮，树干围径 90~120 厘米，树高可达 20 多米，茎干基部膨大为“葫芦头”。树冠圆形，由 30~40 片叶组成；叶片长 500~600 厘米。结果迟，种植后 7~8 年开花结果。

KGT 雌雄同株；果实多，年均年产果量 100 个左右；椰果中等，果实椭圆形；核果圆形或卵圆形。果皮颜色呈绿色。

该品种在科斯雷分布较多，滨海公路以及村庄周围均有分布。

科斯雷三角褐高

英文名称： Kosrae Triangle Brown Tall (KTBT)

主要特征：

KTBT 属于典型的高种类型，植株高大粗壮，树干围径 90~120 厘米，树高可达 20 多米，茎干基部膨大为“葫芦头”。树冠圆形，由 30~40 片叶组成；叶片长 500~600 厘米。结果迟，种植后 7~8 年开花结果。

KTBT 雌雄同株；果实多，年均年产果量 100 个左右；椰果大，果实椭圆形，果顶部位呈三角形，大小接近科斯雷三角褐高；核果圆形或卵圆形。果皮颜色呈黄褐色。

该品种在科斯雷分布较多，滨海公路以及村庄周围均有分布。

科斯雷长果柄高

英文名称： Kosrae Long Fruit Stipe Tall (KLFST)

主要特征：

KLFST 属于典型的高种类型，植株高大粗壮，树干围径 90~120 厘米，树高可达 20 多米，茎干基部膨大为“葫芦头”。树冠圆形，由 30~40 片叶组成；叶片长 500~600 厘米。结果迟，种植后 7~8 年开花结果。

KLFST 雌雄同株；果实多，年均年产果量 100 个左右；椰果大，果实圆形，大小接近三角褐高品种大小；核果圆形或卵圆形。果皮颜色呈黄褐色。

该资源花序柄较长，是重要的遗传资源，在科斯雷滨海公路以及村庄周围均有少量分布。

科斯雷红褐矮

英文名称： Kosrae Reddish Brown Dwarf (KRBD)

主要特征：

KRBD 属于典型的矮种类型，植株矮小，树干围径 70~80 厘米，茎干基部不膨大，葫芦头较小。树冠圆形，由 20~30 片叶组成；叶片长 450~550 厘米。结果早，植后 3~4 年开花结果。

KRBD 花期相遇，为自花授粉；果实多，年均产果量 200 个以上；果实较小，果实椭圆形，肉薄于高种和常见矮种；核果圆形，经常为扁圆形。果皮颜色呈黄褐色。

该果高产性状明显，且品质优，椰水较甜，有一定的育种价值。该资源被当地居民选择性种植，常用于鲜食。

科斯雷红褐矮（木瓜型）

英文名称： Kosrae Reddish Brown Dwarf-Papaya type (KRBD-P)

主要特征：

KRBD-P 属于典型的矮种类型，植株矮小，树干围径 70~80 厘米，茎干基部不膨大，葫芦头较小。树冠圆形，由 20~30 片叶组成；叶片长 500~600 厘米。结果早，植后 3~4 年开花结果。

KRBD-P 雌雄同株，常花期相遇，为自花授粉；果实多，年均产果量 120 个以上，高可达 150 个以上；果实长椭圆，形似木瓜。椰肉厚；核果圆形，经常为扁圆形。果皮颜色呈红褐色。

科斯雷红矮

英文名称：Kosrae Red Dwarf (KRD)

主要特征：

KRD属于典型的矮种类型，植株矮小，树干围径70~80厘米，茎干基部不膨大，葫芦头较小。树冠圆形，由20~30片叶组成；叶片长400~500厘米。结果早，植后3~4年开花结果。

KRD雌雄同株，常花期相遇，为自花授粉。果实圆形至椭圆形，肉薄于高种；核果圆形，也见卵圆形。果皮颜色呈橘红色。

该资源在科斯雷州分布较少，见于村庄和庭院。

科斯雷褐高

英文名称：Kosrae Brown Tall (KBT)

主要特征：

KBT 植株健壮，中等高度，平均茎围 90~120 厘米，茎干基部膨大，具有明显“葫芦头”。圆形树冠长有 35~45 片叶，叶片长，叶柄壮。定植后 7 年开始开花，花序长，花梗粗壮。雌雄同株，常花期相遇，为自花授粉；植后 7~8 年开始结果，每年每株结 8~10 个果串，可产 70~90 个果。

KBT 果实大且呈圆形，果实颜色为褐色。核果近圆形，椰壳较厚，果实基部扁平，椰肉厚。

科斯雷绿矮

英文名称：Kosrae Green Dwarf (KGD)

主要特征：

KGD 属于典型的矮种类型，植株矮小，树干围径 70~80 厘米，茎干基部不膨大，无葫芦头或葫芦头较小。树冠圆形、半圆形，由 20~30 片叶组成；叶片长 500~600 厘米。结果早，植后 3~4 年开花。

KGD 雌雄同株，常花期相遇，为自花授粉；果实多，年均产果量 100 个以上，高可达 150 个以上；果实圆形至椭圆形；椰肉薄于高种；核果圆形，经常为扁圆形。果皮颜色呈绿色。

该资源形态特征接近马绍尔绿矮，在当地被作为鲜食品种栽培，多栽培于庭院周边，且因其品质好而经常自发繁殖栽培。

科斯雷手雷绿矮

英文名称： Kosrae Grenade Green Dwarf (KGGD)

主要特征：

KGGD 属于矮种类型，植株矮小，树干围径 70~80 厘米，茎干基部不膨大，无葫芦头或葫芦头较小。树冠圆形、半圆形，由 20~30 片叶组成；叶片长 400~500 厘米。结果早，植后 3~4 年开花结果。

该树雌花数量多，每个小穗聚集有 5~6 朵雌花。由于雌花过多，多由于授粉不良，或肥力竞争的原因，导致雌花落果严重。果实多，年均产果 100 个以上，高可达 150 个以上；果实形似手雷，椰肉薄于高种；核果圆形，经常为扁圆形。果皮颜色绿色。

● 波纳佩州

波纳佩州（Pohnpei），又译澎贝，是密克罗尼西亚联邦（FSM）四个州之一。它由波纳佩岛及其周边七个环礁组合而成，是加罗林群岛的一部分。密联邦首都帕利基尔位于该州。波纳佩州的首府是波纳佩岛北部的科洛尼亚。

波纳佩州旗

波纳佩岛是密克罗尼西亚联邦面积最大，海拔最高的环礁岛屿，人口约3.4万人，以波纳佩人为主。波纳佩岛最高海拔760米，亦是波纳佩的最高点。除了波纳佩岛，波纳佩州还包括有全色盲人口比例极高、其语言有独特的三重叠词的平格拉普岛。

波纳佩州女性传统服装

制作传统饮料 Sakau

中密友好体育中心

波纳佩绿矮

英文名称： Pohnpei Green Dwarf (PGD)

主要特征：

PGD 属于典型的矮种类型，植株矮小，树干围径 70~80 厘米，茎干基部不膨大，无葫芦头或葫芦头较小。树冠圆形、半圆形，由 30~40 片叶组成；叶片长 500~600 厘米。结果早，植后 3~4 年开花结果，经济寿命达 60~80 年，自然寿命长达 100 多年。

PGD 常花期相遇，为自花授粉；果实多，年均产果量 100 个以上，高可达 150 个以上；果实圆形，椰水甜，椰肉松软，老果椰肉薄于高种；椰衣较厚；核果较小，圆形，经常为扁圆形。果皮颜色呈绿色。

该资源在波纳佩岛大量分布，是当地居民常规栽培品种之一，常见于道路两边，村庄周围。

波纳佩绿高

英文名称：Pohnpei Green Tall (PGT)

主要特征：

PGT 属于高种类型，植株高大粗壮，树干围径 90~120 厘米，树高可达 20 多米，茎干基部膨大为“葫芦头”。树冠圆形，由 30~40 片叶组成；叶片长 500~600 厘米；PGT 结果慢，6 年左右开花结果，寿命 40 年以上。

PGT 雌雄同株，异花授粉；果实多，年均年产果量 120 个左右；椰果大；果实椭圆形，果顶部位呈三角凸起；核果圆形或卵圆形。果皮颜色呈绿色。

该资源在波纳佩岛大量分布，是当地居民常规栽培品种之一，常见于道路两边，村庄周围。

波纳佩褐矮

英文名称：Pohnpei Brown Dwarf (PBD)

主要特征：

PBD属于典型的矮种类型，植株矮小，树干围径70~80厘米，茎干基部不膨大，无葫芦头或葫芦头较小。树冠圆形、半圆形，由30~40片叶组成；叶片长500~600厘米。结果早，植后3~4年开花结果，经济寿命达60~80年，自然寿命长达100多年。

PBD常花期相遇，为自花授粉；果实多，年均产果量100个以上，高可达150个以上；果实圆形，果顶三棱凸出，椰水甜，椰肉松软，老果椰肉薄于高种；核果圆形，经常为扁圆形。果皮颜色呈黄褐色。

波纳佩黄矮

英文名称： Pohnpei Yellow Dwarf (PYD)

主要特征：

PYD 属于典型的矮种类型，植株矮小，树干围径 70~80 厘米，茎干基部不膨大，无葫芦头或葫芦头较小。树冠圆形、半圆形，由 26~38 片叶组成；叶片长 420~580 厘米。结果早，植后 3~4 年开花结果，经济寿命达 60~80 年，自然寿命长达 100 多年。

PYD 常花期相遇，为自花授粉；果实多，年均产果量 100 个以上，高可达 150 个以上；果实圆形，椰水甜，椰肉松软，老果椰肉薄于高种；核果圆形，经常为扁圆形。PYD 果皮颜色呈黄色，较之雅浦黄矮驳杂。

波纳佩红矮

英文名称：Pohnpei Red Dwarf (PRD)

主要特征：

PRD 属于典型的矮种类型，植株矮小，树干围径 70~80 厘米，茎干基部不膨大，无葫芦头或葫芦头较小。树冠圆形、半圆形，由 30~40 片叶组成；叶片长 430~520 厘米。结果早，植后 3~4 年开花结果，经济寿命达 40~50 年，自然寿命长达 80 多年。

PRD 花期相遇，为自花授粉；果实多，年均产果量 120 个以上，最多可达 200 个；果实圆形至椭圆，肉薄于高种；核果圆形，经常为扁圆形。果皮颜色呈鲜亮的橙红色，比雅浦红矮更鲜艳；除用于生产鲜食椰果外，也适用于园林或庭院种植。

波纳佩褐高

英文名称：Pohnpei Brown Tall (PBT)

主要特征：

PBT 属于高种类型，植株高大粗壮，树干围径 90~120 厘米，树高可达 20 多米，茎干基部膨大称为“葫芦头”。树冠圆形，由 30~40 片叶组成；叶片长 500~600 厘米。结果迟，种植后 7~8 年开花结果，经济寿命达 60~80 年，自然寿命长达 100 多年。

PBT 雌雄同株；果实量中等多，年均年产果量 90~100 个；椰果中等，小于三角褐高。果实呈圆形、肉厚；核果圆形。果皮颜色呈褐色。

该资源在波纳佩岛大量分布，是当地居民常规栽培品种之一，常见于道路两边，村庄周围。

波纳佩三角褐高

英文名称： Pohnpei Triangle Brown Tall (PTBT)

主要特征：

PTBT 属于高种类型，植株高大粗壮，树干围径 90~120 厘米，树高可达 20 多米，茎干基部膨大称为“葫芦头”。树冠圆形，由 28~36 片叶组成；叶片长 480~570 厘米。种植后 7~8 年开花结果，经济寿命达 60~80 年，自然寿命长达 100 多年。

PTBT 雌雄同株；果实多，年均年产果量 120 个左右，最高可达 150 个以上。椰果中等。果实果顶位置多呈三角形、椰肉厚；核果圆形。果皮颜色呈褐色。

该资源在波纳佩岛较多分布，是当地居民常规栽培品种。